Gerda Henkel Vorlesung

Gerda Henkel Vorlesung
herausgegeben von der gemeinsamen Kommission
der Rheinisch-Westfälischen Akademie der Wissenschaften und
der Gerda Henkel Stiftung

Von Winckelmann zu Schliemann – Archäologie als Eroberungswissenschaft des 19. Jahrhunderts

Franz Georg Maier

Springer Fachmedien Wiesbaden GmbH

Der Vortrag wurde am 22. Februar 1991 in Düsseldorf gehalten.

Die Deutsche Bibliothek – CIP-Einheitsaufnahme

Maier, Franz Georg:
Von Winckelmann zu Schliemann : Archäologie als Eroberungswissenschaft des 19. Jahrhunderts / Franz Georg Maier. – Opladen : Westd. Verl., 1992
(Gerda-Henkel-Vorlesung)

Der Westdeutsche Verlag ist ein Unternehmen der Verlagsgruppe Bertelsmann International.

ISBN 978-3-531-11965-6 ISBN 978-3-322-86403-1 (eBook)
DOI 10.1007/978-3-322-86403-1

MARTIN GÜNTHER

quinquaginta per annos amico

Inhalt

Von Winckelmann zu Schliemann – Archäologie als Eroberungswissenschaft des 19. Jahrhunderts

von Franz Georg Maier, Zürich

„Archäologie als Eroberungswissenschaft" – diese programmatische Formel steht auf der ersten Seite eines 1905 erschienenen Buches von Adolf Michaelis. „Ein Jahrhundert kunstarchäologischer Entdeckungen" ist in der Tat eine klassische Darstellung der Entwicklung der Archäologie im 19. Jahrhundert, deren Grundzüge dieser Vortrages skizzieren soll.[1]

Michaelis wußte, wovon er sprach: er war 1859/60, zusammen mit Alexander Conze, einer der beiden ersten Reisestipendiaten des Deutschen Archäologischen Instituts und wurde 1872 an die neugegründete Universität Straßburg berufen. Sein Buch, greift weit über den umgrenzten Horizont der „klassischen Archäologie" hinaus – geographisch bis in den Nahen Osten, chronologisch bis in das Paläolithikum. Doch können wir, fast ein Jahrhundert später, das von wilhelminischer Mentalität zeugende Erfolgsbewußtsein des Zeitgenossen Michaelis noch teilen: „Nie vorher ist mit solchem Eifer und so zielbewußt dahin gestrebt worden, der Erde ihre Schätze alter Kunst wieder abzugewinnen, und nie vorher hat ein so reicher und so mannigfacher Ertrag die Arbeit des Spatens belohnt"?[2]

Eines steht außer Zweifel. Die Jahre nach 1900 waren ein sachgerechter Zeitpunkt für einen solchen Rückblick. Das Ende des 19. Jahrhunderts, oder besser noch der Beginn des 1. Weltkriegs markiert einen Einschnitt im Fortschreiten der Archäologie von dilettantischem Enthusiasmus zu einer komplexen wissenschaftlichen Disziplin. Archäologische Tätigkeit um 1800 und um 1900 unterscheiden sich tiefgreifend, in der Erweiterung der Horizonte ebenso wie in der Entwicklung der Methoden.

[1] Der Text greift an einzelnen Stellen auf frühere Veröffentlichungen zurück (F. G. Maier, Neue Wege in die alte Welt, 1977, Kap. 1; Archäologie und moderne Welt, in: Archäologie und Gesellschaft, 1981, 31–44). Eine mehr als Teilaspekte erfassende moderne Geschichte der Archäologie fehlt bisher; sie müßte auch die wichtige und reichhaltige autobiographische und biographische Literatur verarbeiten. Verwiesen sei vorläufig neben A. Rumpf (Archäologie Bd. I, 1953) und R. Bianchi-Bandinelli (Klassische Archäologie, 1978) auf Glyn Daniel (A Short History of Archaelogy, 1981) und H. V. F. Winstone (Uncovering the Ancient World, 1985); für Mesopotamien S. Lloyd (Foundations in the Dust, 2. Aufl. 1981). Übersicht über die weit verstreute englischsprachige Literatur bei B. G. Trigger, A History of Archaeological Thought, 1989, 412–428.

[2] A. Michaelis, Ein Jahrhundert kunstarchäologischer Entdeckungen, 2. Aufl. 1908, 1.

Ein Rückblick auf die Geschichte der Archäologie im 19. Jahrhundert muß freilich anderen Charakter aufweisen als Reflexionen über Fortschritte der Rechtswissenschaft oder der Medizin in den voraufgehenden Vorträgen dieser Reihe. Etablierte Wissenschaften erfahren im 19. Jahrhundert eine Umformung bestehender Traditionen. Die Disziplin Archäologie dagegen steckt um 1800 noch in den Kinderschuhen. Beginnen wir daher mit der Frage nach den Anfängen der Archäologie als Wissenschaft.

Geburt einer Wissenschaft

Archäologie ist ein eminent europäisches Phänomen: keine andere Weltkultur hat je etwas Vergleichbares hervorgebracht.[3] Doch woher stammt diese wissenschaftliche Disziplin eigentlich? Oft werden – halb im Ernst, halb im Scherz – als erste „Archäologen" Nebukadnezar und Nabonid, die letzten Könige von Babylon (605–539 v. Chr.), genannt. Sie ließen tatsächlich Ausgrabungen durchführen, bei denen unter anderem im Tempel von Akkad ein Grundstein zutage kam, „den seit 3200 Jahren kein anderer König gesehen hatte".[4] Auch Kaiserin Helena, die Mutter Constantins d. Gr., die in Jerusalem nach dem Kreuz Christi graben ließ, fände Platz in einer solch illustren Ahnenreihe [Abb. 1].

Doch erst die Wiederbelebung des Altertums in der Renaissance weckte jenes nachhaltige Interesse an antiken Monumenten, aus dem schließlich die klassische Archäologie erwuchs. In Nachfolge der Humanisten entstand der Typus des Altertumsgelehrten und zugleich der des an Antiquitäten interessierten Reisenden, der freilich häufig eher Dilettant als Gelehrter war. Die lange Reihe solcher Reisenden, die oft unerhörte Strapazen auf sich nahmen und Kunde von ungewöhnlichen Monumenten nach Europa brachten, reicht von Kyriakos von Ancona (Ciriaco de' Pizzicolli, 1435–1447) über den habsburgischen Gesandten Ghiselin de Busbecq (1555), den italienischen Edelmann Pietro della Valle (1614) [Abb. 2] oder den französischen Arzt Jacques Spon (1675/76) bis zu dem großen Arabienreisenden Carsten Niebuhr (1765/66), der als einziger Überlebender eines sechsköpfigen Teams aus dem Nahen Osten zurückkehrte [Abb. 3].

Das Pendant des Altertumsgelehrten und Reisenden bildet der Sammler. Er war am Erwerb von Altertümern interessiert, um ein privates Kabinett mit einem oft verwirrenden Nebeneinander von Funden – Vorläufer der sich dann im 18. Jahrhundert verbreitenden öffentlichen Museen – anzulegen, oder um die eigene Residenz standesgemäß auszuschmücken [Abb. 4. 5]. Seit der Renaissance gehörten

[3] Vgl. F. G. Maier, Archäologie und moderne Welt (oben Anm. 1) 40f.

[4] Nach S. Lloyd, Foundations in the Dust, 1947, 190; vgl. jetzt J. Oates, Babylon, 1979, 162.

antike Statuen und Vasen zur Ausstattung eines kunstsinnigen aristokratischen Hauses; Paläste und Villen von Päpsten und Kardinälen in Rom wirkten hier als Vorbilder.[5]

Das schuf einen lukrativen Markt für Antikenhandel und Raubgräberei. Schatzsuche und Ausgrabung sind in ihren Anfängen fast ununterscheidbar verwoben - Ahnherr und bis heute Konkurrent jedes Archäologen ist der Grabräuber.[6] Die frühen Ausgrabungen in Herculaneum (seit 1738) [Abb. 6] und in Pompeji (seit 1748) waren im Grunde noch nicht viel mehr als ein Versuch, die nicht mehr reich genug fließenden Quellen normaler Antikenräuberei zu ergänzen - ihr Ziel war in erster Linie der Gewinn bedeutender Einzelstücke klassischer Kunst.

Was Gelehrte, Reisende und Sammler verband, war das gemeinsame Interesse an der Hinterlassenschaft des Altertums. Doch dies blieb ein antiquarisches, aus ästhetischen oder repräsentativen Motiven entspringendes Interesse am einzelnen Kunstwerk - auch wenn J. Spon zum ersten Mal die traditionelle Bezeichnung „Antiquaria" durch das Wort „Archaeologia" ersetzte.[7] Zwei Personen repräsentieren am Ende des 18. Jahrhunderts diese Mentalität nochmals ausgeprägt. Sir William Hamilton (1730-1803) erwarb als britischer Botschafter am Hof von Neapel eine bedeutende Sammlung antiker Vasen, die nicht zuletzt die Keramik von Josiah Wedgwood inspirierte. Lord Elgin, dem Botschafter an der Hohen Pforte, verdankt das Britische Museum einen Teil der Parthenon-Skulpturen - samt der sich neuerdings darum entspinnenden Debatte [Abb. 7. 8]. Auch Elgins Antiken sollten nicht zuletzt als Vorbild für die Zeitgenossen dienen, „beneficial to the progress of the Fine Arts in Great Britain".[8] Das Vorbild antiker Kunst prägte in der Tat Kunstformen und Zeitgeschmack im 18. Jahrhundert.

Auch J. J. Winckelmann (1717-1768) gehört mit einem Teil seines Wirkens, etwa als Ausstatter der Villa Albani, durchaus noch in den Kontext solcher antiquarischer Mentalität [Abb. 9]. Aber er ist eine Figur des Übergangs, die zugleich etwas grundlegend Neues bezeichnet: die Geburt der Archäologie als Wissenschaft. Was den Archäologen vom Antiquar unterscheidet, ist ein grundsätzlicher Wandel der Erkenntnisziele und Interpretationsmodelle. Die materielle Hinterlassenschaft des Altertums ist nicht mehr primär von Interesse als Gegenstand ästhetischer Erbauung oder aristokratischer Repräsentation - sie wird erforscht als Zeuge für die antike Kunst und für das Leben einer vergangenen Gesellschaft überhaupt.

[5] Aufschlußreicher Überblick über römische Antikensammlungen der Zeit bei U. Aldroandi, Le statue di Roma, 1556.

[6] Manchmal sogar der Assistent: der Cypriot Grigori (Gregorios Antoniou) wandelte sich vom notorischen Grabräuber zum unentbehrlichen Vorarbeiter vieler englischer Ausgrabungen in der Levante.

[7] In seinen „Miscellanea eruditae antiquitatis", 1685.

[8] Report from the Select Committee of the House of Commons on the Earl of Elgin's Collection of Sculptured Marbles, 1816, 2.

Die Entstehung einer „klassischen Archäologie" ist nicht zu trennen von Winckelmanns Wirken in Rom. Doch ein zweiter Vorgang erscheint ebenso bedeutsam: die Gründung der „Society of Dilettanti" in London im Jahre 1732.[9] Sie inspirierte mit der Mission von Stuart und Revett (1751–1754) eine neue Phase in der Erforschung der antiken Baukunst[10] [Abb. 10. 11]. Ruinen klassischer Bauten hatten zwar schon längst Künstler und Architekten wie Piranesi oder Fischer von Erlach zur Wiedergabe und Rekonstruktion angeregt [Abb. 12], doch hinderte sie das keineswegs an deren Abbruch. Nicht zufällig führte der erste Architekt der neuen Peterskirche in Rom den Beinamen „Bramante il ruinante". Das Neue an den Unternehmen der „Dilettanti" ist die planmäßige und architektonisch präzise Aufnahme antiker Baudenkmäler mit der Absicht, sie zu bewahren – tatsächlich ist ein Teil der damals erfaßten Monumente heute verändert oder zerstört [Abb. 13].

Winckelmann und die Dilettanti bezeichnen die doppelten Wurzeln der Archäologie. Schon die Anfänge weisen vor auf die beiden Entwicklungsformen Kunstwissenschaft und Grabungswissenschaft, zwischen denen ein grundsätzlicher Unterschied besteht. Klassische Archäologie, vorderasiatische Archäologie oder Ägyptologie sind an der Hinterlassenschaft bestimmter Kulturen mit unterschiedlichen sprachlichen und historischen Voraussetzungen orientiert. Grabungswissenschaft ist primär eine Verfahrensdisziplin: die Methoden der Feldarchäologie sind in allen Forschungsbereichen prinzipiell gleich – in Mitteleuropa ebenso wie im Mittelmeergebiet.

Gegensatz und Verflechtung von Kunst- und Feldarchäologie, von „archeologia elegante" und „archeologia militante", gehören zu den Konstanten der Entwicklung von der antiquarischen Denkmälerkunde zu einer modernen Wissenschaft, die eine Vielzahl von Verfahren zur Wiedergewinnung, Analyse und Rekonstruktion der menschlichen Vergangenheit verbindet. Nicht zuletzt darum stehen die Namen Winckelmann und Schliemann im Titel des Vortrags: sie sind repräsentativ für die beiden Pole der Archäologie. Archeologia elegante und militante entwickeln sich freilich mit einer gewissen Phasenverschiebung.

[9] „Some Gentlemen who had travelled in Italy, desirous of encouraging, at home, a Taste for those objects which had contributed so much to their entertainement abroad, formed themselves into a Society, under the name of the DILETTANTI": R. Chandler, in: N. Revett – R. Chandler – W. Parr, The Antiquities of Ionia, Bd. I 1769, Preface. Vgl. auch L. Cust – S. Colvin, History of the Society of Dilettanti, 1898. Vorangegangen war im Jahr 1718 die Bildung einer „Society of Antiquaries of London", die 1754 ihre Royal Charter erhielt.

[10] J. Stuart – N. Revett, The Antiquities of Athens Measured and Delineated, 3 Bde. 1761–1816. Die Society regte gleichzeitig Bauaufnahmen in Syrien an: J. Dawkins – R. Wood, The Ruins of Palmyra, 1753; The Ruins of Baalbek, 1757.

Archäologie als Geschichte der antiken Kunst

Die Begründung des Klassizismus im Deutschland des 18. Jahrhunderts ist untrennbar verbunden mit den Namen Winckelmann und Lessing. Winckelmann war weit mehr als ein bloßer Kunstgelehrter. Auf Kultur und Literatur seiner Zeit, auf Herder genau so wie auf Goethe, wirkte sein Griechenbild vielfach prägend ein. Winckelmanns Botschaft richtete sich an ein aristokratisches, internationales Publikum, für das die in Ruinen bewahrte oder durch Grabung wieder gewonnene Antike Schmuck und Vorbild zugleich bildete. Noch ganz in diesen Kontext gehört 1828 die Gründung des „Instituto di Corrispondenza Archeologica" durch Gelehrte, Diplomaten und „dilettanti" in Rom - eines Instituts, dessen Mitglied der alte Goethe und dessen zweiter Präsident Metternich war.

Winckelmanns umfassende Wirkung auf die Gebildeten seiner Zeit beruhte nicht zuletzt darauf, daß er seinen Begriff des Klassischen vom Kunstvorbild zum Lebensvorbild steigerte: aus den Schöpfungen der Griechen war zu lernen, wofür der Mensch zu leben habe. Die Rettung des „reinen" Altertums sah er im aufklärerischen Bruch mit Renaissance und Barock. An die Stelle einer lebendigen Tradition schöpferischer Verarbeitung der Antike setzte er den Abstand zum nie erreichbaren Vorbild - damit seinerseits eine bis in unser Jahrhundert fortlebende Tradition begründend: „Die griechisch-römische (Archäologie) hat ... eine bestimmte Mission, die sie nicht verleugnen kann, ohne ihr Wesen aufzugeben - ... von der Antike als lebenspendender Kraft zu künden und damit den Menschen zu verändern".[11]

Die Geburt der Archäologie aus dem Geist der Aufklärung: das bezeichnet Nutzen und Nachteil der Leistung Winckelmanns für die Wissenschaft vom Altertum. Denn sein eindeutig wertender Entwurf der europäischen Bildungsgeschichte war zugleich eine Theorie der antiken Kunst. Sie betrachtete die Denkmäler unter dem Begriff der Entwicklung und bildete ein erstes Modell für die Abfolge bestimmter Stilepochen aus - auch wenn die fünf Stilstufen seiner „Geschichte der Kunst des Altertums" (1764) der weiteren Erforschung der antiken Kunst nicht standhielten. Verständlich wird das Neue an diesem Entwurf, wenn man bedenkt, wie rudimentär bis dahin die Vorstellungen von einer zeitlichen Ordnung und gegenseitigen Beziehung der antiken Kunstwerke waren.

Die Kunst des Altertums als Geschichte mit einer bestimmten Entwicklungsrichtung zu sehen - dieser Ansatz machte Epoche. Doch in seinem letztlich aufklärerischen Verständnis von Vergangenheit war er untrennbar mit normati-

[11] E. Buschor (1932) in: Allgemeine Grundlagen der Archäologie, Handbuch der Archäologie, Bd. I 1969, 10.

ven Elementen verbunden – mit jener ästhetischen Theorie, die Winckelmann in Stand setzte, die antiquarische Betrachtungsweise zu überwinden. Die Einmaligkeit und damit die Vorbildlichkeit der Antike stand für ihn ebenso fest wie für die Dilettanti. Schon seine Erstlingsschrift führte jenen überhöhten Begriff des Klassischen in die Altertumsforschung ein, der dann im 19. Jahrhundert ebenso befruchtend wie verengend wirken sollte.

Im akademischen Umkreis von Universität und Wissenschaft vermochte der Neuhumanismus Winckelmann'scher Prägung die Archäologie zunächst nicht aus dem Bannkreis der klassischen Philologie zu lösen. Kunst und Architektur des griechisch-römischen Altertums blieben Gegenstand einer umfassenden, aber eindeutig von der Philologie beherrschten Altertumswissenschaft. Bedeutende Gelehrte wie Christian Gottlob Heyne (1729–1812) in Göttingen oder Friedrich Gottlieb Welcker (1748–1808) in Bonn verbanden – oft in kritischer Auseinandersetzung mit Winckelmann – philologische und archäologische Lehrtätigkeit, um ein Gesamtbild der antiken Kultur als Vorbild wahrer Humanität zu schaffen [Abb. 14].

Unkonventionelle Denker eröffneten neue, freilich heftig umstrittene Perspektiven für das Verständnis der antiken Kultur – so der vielfach ausstrahlende Georg Friedrich Creuzer (1771–1858), Verfasser einer „Symbolik und Mythologie der alten Völker", der seit 1810 in Heidelberg regelmässig Vorlesungen über griechische Kunst hielt, oder Johann Jakob Bachofen (1815–1887) in Basel, der das Fortleben des „Mutterrechts" auch in der griechisch-römischen Welt nachzuweisen suchte [Abb. 15]. Wissenschaftstheoretisch blieb unter der Wirkung von Winckelmanns Kunstauffassung jedoch ein von der Aufklärung bestimmter Entwicklungsbegriff bis in die Mitte des 19. Jahrhunderts unangefochten.

Nur zögernd beschritt die Archäologie den Weg von einer Hilfswissenschaft der Philologie zur selbständigen Kunstwissenschaft. Institutionell ist bezeichnend, daß sie bis zur Jahrhundertmitte lediglich an drei Universitäten (Göttingen 1842, Berlin 1844, Halle 1845) den Status eines selbständigen Faches mit eigener Professur erreichte. Bestimmend für Charakter und Tendenzen dieser „Klassischen Archäologie" war bei aller Vielfalt der einzelnen Forscherpersönlichkeiten der Versuch, die immer wachsende Fülle der Denkmäler zu systematisieren und ordnend zu interpretieren.

Der entscheidende Weg dazu – das beherrschende Thema, wenn nicht die Passion der „philologischen Schule" der Archäologie – war die Kopienkritik. Sie erwuchs aus der Einsicht, daß ein Großteil der erhaltenen antiken Skulpturen römische Kopien nach verlorenen Originalen griechischer Künstler darstellen, über deren Werk und Stil die literarischen Quellen berichten. Eine vergleichende Analyse der monumentalen und schriftlichen Überlieferung mußte es darum ermöglichen, Originale und Meisterpersönlichkeiten und schließlich die Entwicklung der griechischen Kunst wiederzugewinnen. Damit erhielt die Stilanalyse - vergleichende Forminterpretation als Mittel entwicklungsgeschichtlicher Einordnung - eine wachsende Bedeutung für die Zuschreibung eines Werkes an einen bestimmten Künstler.

Eine bedeutsame Zwischenstellung in dieser Entwicklung nahm Heinrich Brunn (1822–1894) ein, seit 1865 Professor auf dem neugeschaffenen archäologischen Lehrstuhl der Universität München - übrigens einer der nicht seltenen deutschen Altertumsforscher, die Griechenland selbst nie betreten haben [Abb. 16]. Auch wenn Brunn die Formanalyse des Kunstwerks gegenüber dem philologischen Ansatz in den Vordergrund stellte, blieb Archäologie für ihn doch in erster Linie eine aus den literarischen Quellen entwickelte Kunstgeschichte. Nach dem Urteil von Ludwig Curtius wurde er mit seiner „Geschichte der griechischen Künstler“ (1857) zum „eigentlichen Erfüller der kunstgeschichtlichen Ideen Winckelmanns im 19. Jahrhundert“.[12]

Brunns Schüler und Nachfolger Adolf Furtwängler (1853–1907) galt als führender Vertreter des Faches im ausgehenden 19. Jahrhundert [Abb. 17]. Mit seiner umfassenden Denkmälerkenntnis war er der wirkungsvollste Repräsentant einer Schule „historischen Sehens“, die - oft mit übergroßem Selbstvertrauen - aus Kopien eine Geschichte der antiken Kunst zu rekonstruieren suchte. Das Programm seiner „Meisterwerke der griechischen Plastik“ offenbart Möglichkeiten wie Gefahren einer solchen Forschungsrichtung. Die römischen Kopien sind „die Auswahl des Besten und Berühmtesten, das man im Altertum besaß. Unter diesen Kopien haben wir die von den Schriftstellern erwähnten Meisterwerke zu suchen, die Statuen, die Epoche machten“.[13]

Ein gewisses unentschiedenes Verharren zwischen Kunsterklärung und Kunstgeschichte, ästhetischer und historischer Perspektive, ist hier unverkennbar. Für Furtwängler war zwar „Archäologie ... nichts anderes als antike Kunstgeschichte und somit ein Teil der gesamten Kunsthistorie“. Doch als Alois Riegl, Vertreter der sogenannten Wiener Schule der Kunstwissenschaft, in seinen „Stilfragen“ (1893) anstelle von Winckelmanns „ästhetischem Mystizismus“ eine konsequent historische Wertung des jeweils eigenständigen „Kunstwollens“ einer Epoche forderte, konnte Furtwängler erklären, er habe das Buch dreimal gelesen, ohne etwas zu verstehen[14] - ein Zeugnis dafür, wie langsam historische anstelle normativ-ästhetischer Sehweisen in die Archäologie einzudringen vermochten.

[12] L. Curtius, Torso. Verstreute und nachgelassene Schriften, 1957, 213.

[13] Meisterwerke der griechischen Plastik, 1893, IX.

[14] A. Furtwängler, zitiert nach H. G. Niemeyer, Einführung in die Archäologie, 2. Aufl. 1978, 27; L. Curtius, a.a.O. 224. Die sarkastische Formulierung „ästhetischer Mystizismus“ stammt von Friedrich Schlegel: vgl. R. Bianchi-Bandinelli, Klassische Archäologie, 1978, 42.

Nicht die zum Universitätsfach anvancierende, doch weithin im akademischen Elfenbeinturm verharrende antike Kunstwissenschaft rückte die Archäologie seit Beginn der zweiten Jahrhunderthälfte wieder stärker in das öffentliche Interesse. Was das Publikum begierig aufnahm, waren die spektakulären Erfolge von Grabungen im gesamten Mittelmeerraum. Es ist kaum zufällig, daß die Weltausstellung von 1851 in London zwar einen „Egyptian Room", aber noch keine prähistorischen Funde bot, während die Pariser Weltausstellung 1867 Sammlungen vor- und frühgeschichtlichen Materials präsentierte, die großes Aufsehen erregten. Tatsächlich liegt kurz nach der Jahrhundertmitte ein Entwicklungseinschnitt. Entscheidend dafür sind nicht zuletzt wissenschaftsgeschichtliche Zusammenhänge zwischen Archäologie und Naturwissenschaften, die sich exemplarisch am Problem der Chronologie erläutern lassen.

Die antiquarische Altertumsforschung war im Grunde genommen noch an der Zeitrechnung eines Eusebios und Hieronymus orientiert. Das durch Johannes Kepler auf 4004 v. Chr. korrigierte Datum der Erschaffung der Welt behielt bis ins 18. Jahrhundert fast kanonische Geltung. Doch seit Beginn des 19. Jahrhunderts wies die Geologie Schritt für Schritt das hohe Alter der Erde nach; repräsentativ dafür waren die „Principles of Geology" (1830–1833) des Engländers Ch. Lyell. Hand in Hand damit brach, ausgelöst durch Untersuchungen von J. Boucher de Perthes (1788–1868) im Kiesbett der Somme, der Fund von Steinwerkzeugen in geologischen Schichten der Erkenntnis Bahn, daß die Menschheit sehr viel älter sei als die bisher angenommenen 6000 Jahre – was „Royal Society" und „Society of Antiquaries" schließlich 1859 offiziell anerkannten. Im gleichen Jahr erschien „The Origin of Species" von Charles Darwin; T. H. Huxley's „Man's Place in Nature" wendete schon 1863 Darwins Evolutionstheorie ausdrücklich auf den Menschen an. Die Einsicht, daß biologische Evolutionstheorie und hohes Alter des homo sapiens sich gegenseitig bedingen, ließ sich trotz allen erbitterten Streits nicht mehr aufhalten.

Bezeichnenderweise sind die Jahre um 1860 zugleich markiert durch ein entschiedeneres Hervortreten nationaler Interessen in der Archäologie. Das römische „Instituto" wandelte sich 1859 zur preußischen Anstalt, nachdem schon 1846 die „Ecole Française d'Athènes " gegründet worden war; im Jahr 1860 veranlaßte das neu geeinte Italien den Wiederbeginn der Ausgrabungen von Pompeji. Diese Beobachtungen führen zu einem neuen Aspekt unseres Themas.

Ausgrabung: die Eroberung der Alten Welt

Max Mallowan, der Ausgräber von Nimrud, hat einmal vom „heroischen Zeitalter der Archäologie" gesprochen. In der Tat ist die Geschichte der „Wissenschaft des Spatens", wie man sie damals gern nannte, reich an Dramatik. Erstaunliche Leistungen und Entdeckungen markieren die Pionierzeit des 19. Jahrhunderts: die Pyramiden von Sakkara oder das Archiv von Tell-el-Amarna in Ägypten; Olympia und Pergamon, Mykene und Knossos in Griechenland; Ur, Babylon und Ninive im Zweistromland. Ausgrabung war für die Zeitgenossen der Inbegriff der Archäologie – ein von Gefahr und Geheimnis umwittertes Unternehmen, dessen Erfolg auf Ausdauer, Organisationsgabe, Erfahrung und Mut des Archäologen gegründet war.

Allein die technischen Schwierigkeiten archäologischer Feldarbeit sind im Zeitalter von Landrover, Hubschrauber und Sprechfunk nur mehr schwer vorstellbar. Die Geschichte ingeniöser technischer Notbehelfe würde ein eigenes Kapitel füllen – vom Transport tonnenschwerer assyrischer Skulpturen auf Keleks, die 1855 bis auf zwei von Arabern versenkt wurden und heute noch auf dem Boden des Schatt-el-Arab ruhen [Abb. 18], bis zu zwei in Einzelteilen durch die syrische Wüste transportierten Flußdampfern, die der britische Offizier F. R. Chesney für eine Erkundungsfahrt auf dem Euphrat einsetzte, bis ein Schiff 1836 nach einem Gewittersturm sank [Abb. 19]. Eine exemplarische Figur war der englische Leutnant H. C. Rawlinson, der 1844 an einem Seil mehr als hundert Meter über dem Talgrund balancierend, die 18m lange Felsinschrift des Dareios in Bisutun abschrieb – ein entscheidender Schritt zur Entzifferung der Keilschrift, aber zugleich eine riskante sportliche Leistung [Abb. 20. 21].

In der Entwicklung der Grabungsarchäologie lassen sich zwei Phasen unterscheiden, deren Grenze die 60er Jahre markieren. Bis zur Jahrhundertmitte kann bestenfalls von Ausgrabungswesen die Rede sein; die Ausbildung einer Grabungswissenschaft setzte erst nach 1860 ein – mit beträchtlichen regionalen „time lags".

In der ersten Phase blieb Feldarchäologie Schatzgräberei ohne wissenschaftliche Zielsetzung oder Planung. Bis weit ins 19. Jahrhundert hinein hatte sie vorwiegend das Ziel, für Museen und private Sammlungen möglichst schnell und ökonomisch neue interessante Kunstwerke zu beschaffen. Exemplarisch formulierte diese Grundeinstellung A.H.Layard [Abb. 22], von 1845–1851 einer der erfolgreichsten Ausgräber in Mesopotamien: „I determined ... to economise as far as it was in my power – that the nation might possess as extensive and complete a collection of Assyrian antiquities as, considering the small ness of means, it was possible to collect". Noch 1880 ließ Bismarck Gelder für die Olympia-Grabung streichen, da seines Erachtens die Skulpturfunde nicht bedeutend genug waren.[15]

Erkenntnisinteressen und Interpretationsmodelle der Kunstarchäologie waren an diesem Zustand nicht schuldlos. Sie stand zwar – ebenso wie Ägyptologie

[15] A. H. Layard, Niniveh and its Remains, 1849, Bd. I 327; vgl. Bd. II 12.42.; zu Bismarck: G. Heres, Forschungen und Berichte (Staatliche Museen zu Berlin) 14, 1972, 197.

oder Altorientalistik – mit dem Grabungswesen in Austausch, insofern neue Funde neue Anregungen und neue Herausforderungen boten. Doch ein unspezifisches Interesse an neu ergrabenen „Materialien", verstanden als wichtige Einzelkunstwerke und Monumente, blieb lange die einzige Vorgabe der Kunstarchäologie an die Feldforschung – mit entsprechenden Rückwirkungen. Der weitere Zustrom vor allem „hoher" Kunst förderte wiederum traditionelle wissenschaftliche Sehweisen.

Besonders verheerende Zustände herrschten in Ägypten. Als erster Europäer begann dort Giovanni Belzoni 1815–1819 „Ausgrabungen", die nichts anderes waren als brutale Grabräuberei aus Leidenschaft und Gewinnsucht: „Every step I took I crushed a mummy in some part or another... I could not avoid being covered with bones, legs, arms, and heads rolling from above... The purpose of my researches was to rob the Egyptians of their papyri; of which I found a few ... covered by the numerous folds of cloth, that envelop the mummy".[16] Das führte häufig zu gewalttätigem Streit um interessante Fundstücke; Belzoni selbst beschreibt eine Schlacht um den Obelisken von Philae zwischen seinen Arbeitern und der Gang seines Konkurrenten Drouetti [Abb. 23. 24]. Der französische Gelehrte A. Mariette (1821–1881), seit 1858 Konservator der Monumente Ägyptens und oft als eigentlicher Vater der ägyptischen Archäologie betrachtet, war trotz unbestreitbarer Verdienste ebensowenig zimperlich in seinen Methoden: „Mariette most rascally blasted to pieces all the fallen parts of the granite temple by a large gang of soldiers ... it is sickening to see the rate at which everything is being destroyed".[17]

Auch den Pionieren der Grabungen in Mesopotamien ging es lange nur um bedenkenlose Gewinnung von Kunstschätzen:„Aussitôt qu'une excavation ne paraissait pas conduire à des basreliefs, elle était abandonnée".[18] Ob Layard, Botta oder Hormuzd Rassam: alle Ausgräber bedienten sich der gleichen brutalen Verfahren. Babylonische und assyrische Tells wurden mit Tunnels unterminiert, um Bildwerke freizulegen; assyrische Großskulpturen wurden notfalls in Teile zersägt, um den Transport zu erleichtern [Abb. 25. 26]. Der Kampf um vielversprechende Grabungsplätze war rücksichtslos: 1853 entdeckte Hormuzd Rassam den Palast Assurbanipals, indem er nachts heimlich im französischen Grabungsabschnitt von Ninive arbeiten ließ.

Der Typus des skrupellosen, primär kommerziell interessierten Raubgräbers sollte noch lange fortleben, stellenweise bis in unser Jahrhundert hinein – es sei nur erinnert an den italo-amerikanischen General Luigi Palma di Cesnola, der in der

[16] G. Belzoni, Narrative of the Operations and Recent Discoveries in Egypt and Nubia, 1820, 157f.
[17] W. M. Flinders Petrie, Seventy Years in Archaeology, 1932, 26f.
[18] V. Place, Ninevé et l'Assyrie, Bd. III 1870, 37.

zweiten Jahrhunderthälfte auf Cypern zahlreiche Grabungsplätze und Gräberfelder für immer verwüstete.

Die Verluste, die „Ausgrabungen" dieser Art für unsere Kenntnis der alten Welt bedeuten, sind kaum zu ermessen. Nicht zu Unrecht sagte mir einmal ein englischer Ägyptologe, beim Lesen der alten Berichte werde man zum menschlichen Chamäleon: „Zuerst grün vor Neid, dann rot vor Scham und schließlich weiß vor Wut". Die Leistung dieser Archäologengeneration von heutigen Einsichten aus abzuurteilen, wäre freilich allzu einfach. Die Museen Europas verdanken viele ihrer bedeutendsten Kunstwerke den dubiosen Methoden dieser frühen Ausgräber, ohne deren Energie und Ausdauer es um die Mitte des 19. Jahrhunderts weder die Anfänge einer altorientalischen Archäologie noch die Anfänge einer Ausgrabungstechnik gegeben hätte.

Frühe Unternehmen in Griechenland wie die Ausgrabung des Aphaia-Tempels in Aegina (1811) knüpften noch direkt an Elgins großzügigen Abbau griechischer Skulpturen an [Abb. 27]. Eine Vorstufe geplanten archäologischen Vorgehens dagegen stellten die großen topographischen Surveys ganzer Regionen in den kommenden Jahrzehnten dar - die „Expédition scientifique de Morée" (1828), Ch. Texier und Ch. Fellows in Kleinasien (1833–1844), R.Lepsius in Ägypten (1842–1845), E. Renan in Phönikien (1860), G. Perrot in Galatien und Bithynien (1861).

Der Weg zu einer systematischen Grabungswissenschaft war lang. Voraussetzung dafür war ein Wandel der Zielsetzungen und der Methoden. Die eigentliche Geburt eines archäologischen Gewissens vollzog sich in Nordeuropa. Hier, wo kunsthistorisch wertvolle Funde selten waren, überwog das Interesse an der Vergangenheit der eigenen Heimat die Leidenschaft des Schatzsuchers. Der Däne J. K. Worsaae (1821–1885) war der erste, der eine systematische Technik für Ausgrabung und Konservierung von Bodenfunden zu entwickeln begann. Worsaae erfreute sich der vollen Unterstützung seines Königs Frederik VII, der Pionierkompanien zu den Grabungen seines hauptamtlichen „Inspekteurs der Altertümer" abkommandierte. Man darf sich durch biedermeierliches Beiwerk wie den im Sessel eine lange Porzellanpfeife rauchenden königlichen Archäologen nicht täuschen lassen [Abb. 28], auch wenn dies zunächst an englische „gentleman excavations" der alten Schule erinnert [Abb. 29]. Worsaae war sich bereits über wichtige Grundsätze der Grabungsmethodik durchaus klar; zum Beispiel empfahl er, durch einen Grabhügel zwei sich im rechten Winkel kreuzende Schnitte zu legen.

In Wiltshire arbeitete zur gleichen Zeit ein englischer Offizier und Landedelmann, der zum eigentlichen Pionier einer auf den Prinzipien stratigraphischer Schichtbeobachtung aufbauenden Grabungstechnik wurde: H. A. Lane Fox, der spätere Baron Pitt-Rivers (1827–1900). Mit naturwissenschaftlicher Denkweise verband er militärische Organisationsgabe und Sinn für äußerste Präzision. Seine Grabungen wurden nach Verfahren durchgeführt – genaue Beobachtung der

Schichten, Vermessung jedes einzelnen Fundstückes in seiner Fundlage –, die angesichts der damals anderswo praktizierten Techniken revolutionär wirken [Abb. 30. 31].

Im Mittelmeerraum gingen vergleichbare methodische Fortschritte langsamer vor sich. Das Ziel, einen Grabungsplatz vollständig auszugraben, war den meisten Archäologen lange genauso fremd wie die Vorstellung, man könne durch Schichtbeobachtung die Besiedlungsgeschichte eines Fundplatzes wiedergewinnen. Erst im Lauf der zweiten Jahrhunderthälfte setzten große Flächengrabungen (die auch vom Fundbestand her die Archäologie entscheidend veränderten) jene Entwicklung der methodischen und technischen Grundlagen des Ausgrabens in Gang, die bis heute anhält.

An drei Beispielen läßt sich zeigen, wie sich allmählich – wenn auch noch rudimentäre – methodische Maßstäbe für Grabungen ausbildeten. In Pompeji übernahm 1860 G. Fiorelli die Grabungsleitung: sein systematisches Vorgehen zielte auf die Wiederbelebung einer römischen Stadt. Die einzelnen Wohnblöcke wurden Schicht für Schicht ausgegraben, wichtige Befunde in situ konserviert – etwa durch das Ausgießen menschlicher Körperhohlformen in der Lava mit Gips [Abb. 32].

In Griechenland bildeten die Ausgrabungen von Alexander Conze in Samothrake (seit 1873), von Ernst Curtius und später Wilhelm Dörpfeld in Olympia (seit 1875) einen Markstein [Abb. 33–35]. Michaelis hat ihr Programm dahingehend formuliert: „Die ursprüngliche Gestaltung sowohl der Gesamtanlage wie aller einzelnen Teile zu ermitteln, die allmählichen Umgestaltungen durch den Lauf der Zeiten zu verfolgen, jeder Einzelheit ihren festen Platz in dieser Entwicklung anzuweisen und so die Ausgrabung zugleich zu einer Rekonstruktion des verlorenen Ganzen zu machen.“[19] Die Schichtabfolge der Grabungsplätze wurde beobachtet, die Bedeutung der Keramik als chronologisches Leitfossil gewürdigt. Conze, als Organisator ungewöhnlich befähigt, verfügte nicht nur über ein eigens abkommandiertes österreichisches Kriegsschiff; er setzte auch zum ersten Mal die Fotografie planmäßig bei einer Grabung ein. Olympia war zudem die erste große Ausgrabung, deren Funde entsprechend dem griechischen Antikengesetz im Lande verblieben – Funde übrigens, die (wie etwa die Giebelskulpturen) die noch stark in klassizistischen Normen verhafteten Ausgräber zunächst eher enttäuschten.

Setzten diese Unternehmen einen neuen Maßstab für die Methode des Ausgrabens im griechischen Raum, so führte in Ägypten als erster der Engländer W. M. Flinders Petrie seit 1881 die Verfahren planmäßiger und umfassender Ausgrabung

[19] Michaelis, a. a. O. 152.

ein [Abb. 36]. Vier methodische Prinzipien sollten nach seiner Auffassung den Archäologen instand setzen, Geschichte aus der Erde zu gewinnen: möglichste Schonung der Monumente, äußerste Sorgfalt beim Ausgraben, Bergen und Beschreiben aller Funde, genaue Planaufnahmen aller Befunde, schnelle und vollständige Publikation.

Ganz am Ende der Entwicklung stand der Nahe Osten. Erst um die Jahrhundertwende übertrugen Robert Koldewey [Abb. 37] und Walter Andrae in Babylon (seit 1899) und Assur (seit 1903) die anderswo ausgebildeten Grabungsverfahren in die vorderasiatische Archäologie, deren Arbeitsbedingungen nicht zuletzt durch die in dieser Region übliche Technik des Bauens mit luftgetrockneten Ziegeln besonders schwierig sind. Beide Unternehmen markieren einen entscheidenden Fortschritt in der Anwendung moderner Ausgrabungstechniken im Vorderen Orient.

Mit den Methoden wandelten sich die Leitinteressen archäologischer Feldarbeit. Flinders Petrie hat das letztlich historische Ziel der archäologischen Forschung vielleicht noch nachdrücklicher betont als A.Conze oder E. Curtius. Von einem in gleicher Richtung gehenden Wandel der Forschungsinteressen zeugen auch die Grabungen Heinrich Schliemanns in Troja und Mykene (seit 1870). Viele seiner Methoden sind zu Recht kritisiert worden [Abb. 38], aber die Zielsetzung seiner Grabungen war eindeutig historisch – auch wenn seine Fragen einseitig auf die Ereignisgeschichte fixiert waren.

Diese Anfänge auf dem langen Weg zur Ausgrabung als Wissenschaft weisen bereits auf eine Disziplin von eigenem Typus. Die Verfahren der Grabungswissenschaften stehen in mancher Hinsicht den Naturwissenschaften näher als den geisteswissenschaftlich-hermeneutischen Forschungsmethoden der archäologischen Einzeldisziplinen. Bodenforschung geht von Fakten und Tatbeständen aus, die real vorfindbar, meßbar und beschreibbar sind. Sie gestatten kontrollierte Aussagen über Tatsachen mit technischen, objektivierbaren Methoden. Reichen die Daten aus, so läßt sich aus jedem Fundkomplex – sei es ein Gebäude, eine Siedlung, eine Kultur – ein in sich schlüssiges und kontrollierbares Aussagensystem gewinnen, das in seiner Deutung nicht der Beliebigkeit einer letztlich subjektiven Interpretation unterworfen ist. Alle Aussagen sind intersubjektiv nachvollziehbar und kritisch überprüfbar: sie lassen sich prinzipiell unabhängig von vorgegebenen Konzepten und vom hermeneutischen Ziel sichern.[20]

Um 1914 sind die Dinge durchaus noch in Bewegung: der Ausbruch des Ersten Weltkriegs bedeutet nur eine erzwungene Pause. Wichtige Schritte zu sachgerechteren Verfahren sind getan; neue Entwicklungen kündigen sich an. Das erste

[20] F. G. Maier, Archäologie und Geschichte, 1973, 9 f.

archäologische Luftbild entstand bereits im Jahre 1906 [Abb. 39]; objektivierbare Datierungsmethoden, die auf der Auswertung rhythmischer Naturprozesse basieren, entwickelten der Amerikaner A.E.Douglass mit der Baumringzählung (1901), der Schwede G. de Geer mit der Varven-Chronologie, einer Auszählung der von Gletschern abgelagerten Bändertone.[21]

Die Sicherheit, mit der um die Jahrhundertwende ein Schliemann oder Evans, ein Dörpfeld oder Koldewey ihre Grabungsergebnisse analysieren und weitreichende Schlüsse daraus ziehen, ist beeindruckend – aber zugleich beunruhigend: denn noch klafft vielfach zwischen Theorie und Praxis eine breite Lücke. Flinders Petrie's programmatischer Satz: „Nur die Phantasie ist es, die zu großen Entdekkungen führt,“[22] ist ebenso richtig wie in der Feldarbeit verführerisch. Schliemann, der Befunde manipulierte, um der Welt den „ Schatz des Priamos“ zu präsentieren, ist wohl ein extremes Beispiel [Abb. 40]. Aber auch ein Forscher wie Koldewey brachte Keramik, Werkzeugen und sogar Bestattungen nur geringes Interesse entgegen. Und noch 1888 verfuhren die englischen Ausgräber von Alt-Paphos recht großzügig mit gut erhaltenen Funden: „Die gröberen Gefäße wurden unter die Frauen des Dorfes verteilt, die nun für lange Zeit das Wasser für ihre Ehemänner in römischen Krügen herbeitragen werden“.[23]

Schritte in methodisches Neuland begegnen in jeder Wissenschaft eher abwartend-eifersüchtiger Reserve als begeisterter Zustimmung. Auch in der Archäologie war es ein langwieriger und keineswegs von Umwegen freier Prozeß, bis sich die neuen Grabungsmethoden überall durchgesetzt hatten. Vor allzu überheblicher Kritik warnt freilich Max Mallowans Urteil: „Hätten wir damals nach den jetzt akzeptierten Regeln gegraben, so hätten wir nur ein Zehntel unserer Evidenz gefunden; die übrigen neun Zehntel wären möglicherweise nie zutage gekommen.“[24] Verluste und Erfolge, Verfahrensmängel und Leistungen sind gegeneinander abzuwägen.

Angesichts unseres heutigen weltumspannenden archäologischen Wissens ist schwer nachzuvollziehen, in welch revolutionärer Weise die Pioniere der Ausgrabung den Horizont geschichtlichen Lebens öffneten. Noch zu Beginn des 19. Jahrhunderts war das europäische Bild des Altertums eingeschränkt auf eine punktuelle und unsystematische Kenntnis der griechisch-römischen Antike und der biblischen Vergangenheit Palästinas. Seit den letzten Jahrzehnten des Jahrhunderts aber begann die Forschung, Schritt für Schritt ein Mosaik vergangener Gesellschaften freizulegen – den bisher eng umgrenzten historischen Hintergrund

[21] Vgl. F. G. Maier, Neue Wege in die Alte Welt, 1977, 303–308.
[22] W. M. Flinders Petrie, Ten Years' Digging in Egypt, 1892, 156.
[23] D. G. Hogarth, Journal of Hellenic Studies 9, 1888, 70.
[24] M. Mallowan, Mallowan's Memoirs, 1977, 302.

modernen Lebens zu einer universalen Vorgeschichte der Menschheit zu erweitern, deren Zusammenhänge in Raum und Zeit sich mehr und mehr erschlossen. Neue Funde erhellten Kunst und Leben längst bekannter Völker des Altertums, der Griechen und Römer, der Perser und Ägypter; sie holten zugleich fast verschollene Kulturen in die Anschauungswelt zurück – Assyrer, Sumerer oder das von Arthur Evans entdeckte minoische Kreta.

Archäologie und Gesellschaft: Wissenschaft im historischen Kontext

Wissenschaftsgeschichte kann faszinierend sein, wenn sie nicht bloße Fach-Geschichte bleibt, sondern weiterführt zur Frage nach der Interaktion zwischen Wissenschaft und Gesellschaft. Die Geschichte einer wissenschaftlichen Disziplin ist zwar zunächst eine Geschichte ihrer Forschungsziele und Methoden; ein Wandel der Zielsetzungen ist Voraussetzung für einen Wandel der Untersuchungsverfahren. Wissenschaftliche Leitinteressen aber stehen stets in engem Austausch mit dem intellektuellen, sozialen und politischen Klima einer Epoche (das man mit einem derzeit modischen Begriff gerne als „Paradigma" bezeichnet).

Das breite Spektrum archäologischer Methoden und Verfahren dient letztlich dem einen Ziel, Lebensformen der Vergangenheit zu rekonstruieren und zum Verständnis des Menschen als sozial handelndem Wesen beizutragen. Die bisher skizzierte Entwicklung der Archäologie als Wissenschaft ließe sich so einordnen in die Entfaltung der Geisteswissenschaften im 19. Jahrhundert als historischer „Erfahrungswissenschaften vom Menschen in seiner geistig-sozialen Existenz".[25] Ein solcher Verweis auf den Historismus wäre als allgemein begründender Kontext richtig, bleibt aber zu pauschal. Zu fragen ist nach den spezifischen Bedingungen und Kräften, die Aufstieg und Erfolg der Archäologie in dieser Form möglich machten.

Für die Entwicklung der Archäologie als Wissenschaft spielte zunächst die disziplinimmanente Dynamik eine Rolle. Leitideen und Prioritäten von Kunstarchäologie und „Spatenwissenschaft" stimmten durchaus nicht immer überein – der Gegensatz zwischen Kunst und Geschichte, ästhetischem Wert und historischer Aussage der Monumente war keineswegs überwunden. Doch innerfachliche Dynamik allein erklärt die Entwicklung nur sehr bedingt. Im Prozeß der vielfachen Wechselwirkungen mit Kultur, Gesellschaft und Politik der Zeit, die tieferliegende Motivationen der archäologischen Forschung bedingen, lassen sich wiederum in zwei Phasen unterscheiden. Anfänglich sind Antriebe aus dem kulturellen Bereich bestimmend: sie formen vor allem die Wissenschaft selbst. Später

[25] Th. Nipperdey, Deutsche Geschichte 1800–1866, 1983, 498.

steigern politisch-gesellschaftliche Kräfte ihren Einfluß: sie ermöglichen den institutionellen Ausbau der Disziplin.

Der Klassizismus Winckelmann'scher Tradition steht zunächst als Wirkungsfaktor nachhaltig im Vordergrund. Er legitimiert die intensive Befassung mit dem Altertum und inspiriert dessen Interpretation. Doch so entscheidend der Leitgedanke, Kunst und Literatur des griechisch-römischen Altertums seien der zentrale Inhalt menschlicher Bildung, zum Entstehen der archäologischen Wissenschaft beigetragen hatte, so ambivalent waren auf längere Sicht seine Wirkungen. Quereinflüsse der romantischen Bewegung wurden zwar vielfach spürbar. Sie inspirierten nicht zuletzt die Romantik der Ruine, wie sie im Zusammenhang mit dem hellenischen Freiheitskampf nun auch für Griechenland entdeckt wird. Das wird faßbar in den Skizzenbüchern eines Edward Lear [Abb. 41] oder – um nur den bedeutendsten Namen zu nennen – in Gemäldern Turners wie der Ansicht der Akropolis mit dem aufschlußreichen Titel „T'is living Greece no more" [Abb. 42].

In der archäologischen Wissenschaft freilich blockierte der beherrschende und oft lähmende Einfluß des Klassizismus weithin die Wirkungen der Romantik: Creuzers oder Bachofens Ansätze, die auf die „Nachtseite" griechischen Lebens, seine nichttraditionalen Lebensgewalten und archaisch-mythischenAspekte gerichtet waren, vermochten sich kaum durchzusetzen. Die Beschweigung der Polychromie, der vielfarbigen Bemalung der antiken Plastik, ist ein anderes Beispiel solch verfälschender Perspektiven. Klassizistische Denkformen und Werturteile beherrschten aber nicht nur die akademische Altertumswissenschaft. Über das humanistische Gymnasium, das für die Gebildeten im 19. Jahrhundert Vermittler einer Bildungsreligion mit klaren Lebensnormen war, formten sie die Reaktionen des Publikums auf die Erfolge der Archäologie mit.

Dagegen begann die Nachbardisziplin der Geschichte – der „Führungswissenschaft" des späteren 19. Jahrhunderts[26]– allmählich auf den Wandel archäologischer Forschungsziele vom schönen Fund zur Rekonstruktion vergangener Gesellschaften einzuwirken. Gegenüber dem idealisierenden, klassisch-romantischen Bild des Altertums setzte sich mehr und mehr ein – freilich oft in positivistisch-antiquarische Interessen abgleitender – „historischer Realismus" durch, der aus „realen Fakten" eine authentische historische Anschauung zu gewinnen glaubte. Eine solche Tendenz kündigte sich, freilich noch neuhumanistisch überformt, schon in A.Boeckh's „Staatshaushaltung der Athener" (1817) an. Theodor Mommsen hat dann die neue Perspektive prägnant, wenn auch vereinfachend formuliert:„die Alten herabsteigen machen von dem phantastischen Kothurn, auf dem sie der Masse des Publikums erscheinen, sie in die reale Welt, wo gehaßt und

[26] Th. Nipperdey, Deutsche Geschichte 1866–1918, Band I 1990, 633.

geliebt, gesägt und gehämmert, phantasiert und geschwindelt wird, den Lesern zu versetzen".[27] Unter dem Einfluß solcher Anschauungen begann man zum Beispiel in den Grabungen von Pergamon oder Priene auch Wohnbauten und Werkstätten zu erforschen. Schon das Interesse der Lepsius-Expedition in Ägypten (1842–45) hatte neben den Kunstwerken auch den Aussagen von Reliefs und Texten über das Alltagsleben gegolten.

In gleicher Richtung wirkte ein zweites Motiv: das Interesse an der Geschichte des Christentums. Lange Jahrhunderte hatte die Christenheit eine Vielzahl von Traditionen über die Gestalten der Bibel und das Heilige Land als gültig akzeptiert. Mit dem Wachsen einer wissenschaftlich-aufgeklärten Mentalität im 19. Jahrhundert drohten diese religiösen Traditionen ihre Überzeugungskraft zu verlieren. Die Richtigkeit der Aussagen der Bibel mußte auf eine neue Weise gesichert werden – ein Weg dazu schien die Archäologie des Heiligen Landes [Abb. 43. 44]. Nicht zufällig wurde 1865 unter dem Patronat von Queen Victoria der „Palestine Exploration Fund" als erste britische Institution zur Förderung archäologischer Forschung im Mittelmeergebiet gegründet – um „accurate, systematic and scientific investigations ... of the Holy Land for biblical illustration" zu ermöglichen.[28]

Hier liegt ein wesentlicher, wenn auch lange unterschätzter Ansatz für die Historisierung der Archäologie: Ausgrabungen im Heiligen Land zielten von Anfang an auf eine Bestätigung geschichtlicher Befunde, nicht auf den bedeutenden Einzelfund. Unter diesem Aspekt erscheint Schliemanns Versuch, die Geschichtlichkeit Homers durch Ausgrabung zu erweisen, letztlich als Doublette der biblischen Archäologie.

Wirkten Klassizismus, historischer Realismus und Bibelwissenschaft primär auf Erkenntnisinteressen, Interpretationsmodelle und Methoden der Forschung ein, so waren es politische und gesellschaftliche Faktoren, die den institutionellen Ausbau und das Wachstum der Ressourcen in der Archäologie ermöglichten. Ein Indikator dafür ist das Entstehen eigener Forschungsorganisationen in der zweiten Jahrhunderthälfte – eine Entwicklung, die in Deutschland nicht zu trennen ist vom schnellen Wachstum der Universitäten und außeruniversitären Forschungseinrichtungen in dieser Zeit.

27 Th. Mommsen, Brief an W. Henzen vom 28. 11. 54: L. Wickert, Theodor Mommsen, Bd. 3 1969, 628. Mommsens Urteil über die Archäologie konnte freilich schneidend sein: „... auf dem Gebiet der Archäologie, auf dem der Dilettantismus und jene leidige Halbwisserei, mit der verglichen die einfache Ignoranz achtenswerth erscheint, ihr Wesen anhaltender und ärger treiben als auf dem der Philologie" (Archäol. Zeitschr. 27, 1869, 96). Zur Realismus-Diskussion in der damaligen Altertumswissenschaft jetzt W. Gawantka in: J. Cobet – W. Calder (Hrg.), Heinrich Schliemann nach 100 Jahren, 1990, 56–117.

28 Palestine Exploration Fund. Articles of Association, 1865; zitiert nach Winstone a. a. O. 148.

Auf deutscher Seite folgte dem 1859 von Preußen und 1874 vom Deutschen Reich übernommenen Römischen Institut 1874 des Athenische Institut, 1901 die Römisch-Germanische Kommission - Beginn einer Entwicklung des Deutschen Archäologischen Instituts zur wissenschaftlichen Großorganisation, hinter der das Wirken von A. Conze und Th. Mommsen spürbar wird. Frankreich hatte schon 1846 eine Schule in Athen gegründet, 1875 folgte die Ecole Français d'Archéologie de Rome. Die British School of Athens entstand im Jahre 1885, drei Jahre nach der dortigen American School of Classical Studies; in Rom wurde die American School of Classical Studies 1894, die British School 1901 eröffnet. 1898 errichtete auch das Österreichische Archäologische Institut eine Station in Athen, 1909 Italien die Scuola Archeologica Italiana di Atene.

Diese Institutsgründungen bezeichnen eine zunehmende, zeittypische Professionalisierung der Archäologie. Die klassische Figur des dilettierenden Diplomaten oder Offiziers tritt zurück - den Übergang verkörpert ein Gelehrter wie C. T. Newton, der 1852 vom Britischen Museum für sieben Jahre in den Dienst des Foreign Office übertrat, um als Konsul in Lesbos und Rhodos seine archäologischen Aufgaben weiterzuführen. Zugleich bildeten die nationalen archäologischen Institutionen wesentliche Ansatzpunkte für ein staatlich-politisches Einwirken auf die Wissenschaft.

Die Zusammenhänge zwischen Archäologie und Politik sind eng, wenn auch vielfach verdeckt und als Aspekt dieser Pionierjahre noch wenig erforscht. Die hier spielenden Wechselwirkungen werden nur dann voll verständlich, wenn man sich einer grundlegenden Tatsache erinnert. Bis zum Ende des 19. Jahrhunderts gehörten außer Italien alle „klassischen" Länder zum Territorium des Türkischen Reiches. Vor allem in England und Frankreich verband sich daher schon früh das Interesse an Altertümern mit dem Interesse an Informationen aus dem Osmanenreich. Orientreisende (und Griechenland gehört für die Zeitgenossen durchaus noch in diesen Bereich) wurden vom Staat gefördert, um neue Funde für Museen zu erwerben und zugleich politische Informationen und militärische Nachrichten zu sammeln.

Napoleons ägyptische Expedition (1798–1801) war der Versuch, im Konflikt mit England wenigstens einen Teil des Türkischen Reiches gewaltsam zu erschließen. Militärisch ein Desaster, war die Expedition wissenschaftlich von bleibender Wirkung durch den - von den Soldaten als „Esel" verspotteten - Stab von 167 Gelehrten, die Napoleon nach Ägypten brachte. Die Publikationen dieses „Institut d'Egypte" machten der gebildeten Welt den Reichtum des Landes an Altertümern bekannt und beeinflußten die Forschung in diesem Bereich nachhaltig lich [Abb. 45. 46].

Als im 19. Jahrhundert die innere Entwicklung des Osmanenreiches die Türkei mehr und mehr zum „kranken Mann am Bosporus" machte, wuchs mit den politischen und ökonomischen Interessen auch das Informationsbedürfnis der europäischen Mächte in diesem Raum. Neben England und Frankreich begannen zunehmend Deutschland (das unter anderem seit 1888 beim Bau der Bagdad-Bahn führend war) und später Österreich eine Rolle zu spielen.

In der Interaktion zwischen Archäologie und Politik kamen nationale Ideologien ebenso wie machtstaatliche Interessen ins Spiel. Der Archäologe als Interpret der Vergangenheit konnte zum Instrument des Nationalismus werden, je mehr man sich auf weithin nur in Bodenfunden faßbare Geschichtsabschnitte als Teil der eigenen Nationalgeschichte berief: Gallier als Vorfahren der Franzosen, Germanen als die der Deutschen. Solche Motive spielten neben genuinen wissenschaftlichen Interesssen oder herablassender Neugier gekrönter Häupter – „Nun, lieber Curtius, was Neues aus Olympia?" – offensichtlich eine Rolle bei der Förderung archäologischer Unternehmungen durch Herrscher wie William IV. Napoleon III oder Wilhelm II[29] [Abb. 47].

Die Konkurrenz nationalen Prestiges hat die Wahl von Grabungsplätzen und Instituten in Kleinasien und im Nahen Osten mit bestimmt. Es läßt sich darüberhinaus wahrscheinlich machen, daß auch strategisches und außerpolitisches Kalkül im Spiel war. Häufung und Zeitfolge englischer, französischer, deutscher und österreichischer Ausgrabungen an der Westküste Kleinasiens geben in dieser Hinsicht zu denken. Zum Organisator deutscher Unternehmen in diesem Raum wurde nicht zuletzt Theodor Wiegand [Abb. 48]: Pergamon (1878–1886.1900–07), Magnesia am Mäander (1890–93), Priene (1895–99), Milet (1899–1912), Didyma (1900–14). Österreich hatte seine archäologischen Aktivitäten in diesem Raum mit der Samothrake-Grabung begonnen; Gjölbaschi-Trysa (1881–82) und die Städte Pamphyliens und Pisidiens (1884–85) folgten. 1895 erhielt Otto Benndorf den Auftrag, einen dem Rang der Doppelmonarchie entsprechenden Grabungsplatz zu finden und wählte Ephesos.

Zur gleichen Zeit verlor, wohl auch auf Grund von Gladstone's antitürkischer Einstellung, die englische Archäologie viel von jenem Terrain an der türkischen Westküste, das sie direkt nach der Jahrhundertmitte durch die Tätigkeit von C. T. Newton in Halikarnass und Knidos (1852-61) und J. T. Wood in Ephesus (1863–74) gewonnen hatte. Offen wie kaum ein anderer Forscher hat der Historiker J. N. Sepp, der 1874 mit Mitteln des Reichskanzleramtes in Tyros grub, auf den

29 Wilhelm I zu E. Curtius im Berliner Schloß: vgl. W. Kaegi, Einführung in die ‚Griechische Kulturgeschichte', in J. Burckhardt, Griechische Kulturgeschichte, Bd. I 1977, VII. William IV unterstützte die Euphrat-Expedition von 1836; Napoleon III neben der Ausgrabung von Alesia Renan (in Phönikien) und Perrot (in Kleinasien), Friedrich Wilhelm IV die Lepsius-Expedition, Wilhelm I die Olympia-Grabung. Besonders lang ist die Liste bei Wilhelm II: Markus-Säule, Aksum, Babylon, Megiddo, Baalbek, Korfu.

nationalen und politischen Hintergrund seiner und anderer Unternehmungen hingewiesen.[30] Dabei ist interessant, daß in diesen Jahren die Université St. Joseph in Beirut von Jesuiten gegründet wurde (1875) – eine Institution, die eindeutig auch einer Festigung der französischen Position in der Levante diente.

Die enge Verbindung zwischen Außenpolitik, Nachrichtendienst und archäologischer Feldarbeit in vielen Fällen offenkundig. Doch solche Zusammenhänge im Einzelnen wissenschaftlich zu dokumentieren, ist äußerst schwierig.[31] W. M. Leake, dem die antike Topographie Griechenlands Bedeutendes verdankt, war Mitglied einer englischen Militärmission in der Türkei. Sir Sidney Smith, der die Aufhebung der Belagerung von Acre erzwang, beschäftigte als Sekretär den Orientalisten Hammer v. Purgstall [Abb. 49]. Rawlinson, Chesney oder Layard waren Offiziere im diplomatischen Dienst.

Eine Personalunion von Archäologie und Nachrichtendienst gab es nicht nur auf britischer Seite. Im Ersten Weltkrieg stand der Direktor des Deutschen Archäologischen Instituts in Athen, G. Karo, häufig in Verbindung mit A. J. Wace, seiner „opposite number“ an der British School. Max v. Oppenheim, Ausgräber des Tell Halaf seit 1911, verfaßte bei Kriegsbeginn politische Aufrufe an die Araber und war später im Armeestab in Damaskus tätig. Der österreichische Orientalist Alois Musil, Wiederentdecker der jordanischen Wüstenschlösser [Abb. 50], sollte Beduinenstämme gegen England aufwiegeln: „Ich glaube, daß Musil ... dank seiner freundschaftlichen Beziehungen zu den dortigen Araberscheichs jedenfalls die geeignetste Persönlichkeit ist, um die wertvolle Unterstützung der Stämme für eine gegen den Suezkanal in Ägypten wirksam nur durch Kamelreiter zu unternehmende Aktion zu gewinnen“, berichtete der deutsche Botschafter in Wien an Reichskanzler Bethmann-Hollweg.[32] Auch das – in der Aufnahme und Bewahrung von Monumenten durchaus erfolgreiche – „Deutsch-Türkische Denkmalschutzkommando“ des Ersten Weltkrieges unter der Führung von Th. Wiegand beschränkte seine Tätigkeit nicht immer auf strikt archäologische Aufgaben [Abb. 51].

[30] Meerfahrt nach Tyrus zur Ausgrabung der Kathedrale mit Barbarossa's Grab. Im Auftrag des Fürsten Reichskanzler unternommen von Professor Dr. Sepp, Ritter des Heil. Grabes, 1879, v. a. VIII. XIII-XIX. 346-353. 371-375; dazu J. v. Ungern-Sternberg, in: W. Schuller (Hrsg.), Antike in der Moderne, 1985, 321f.

[31] Zahlreiche Geheimdienst-Akten des Ersten Weltkrieges sind bis heute unter Verschluß. Zudem versuchen einzelne Darstellungen, solche Aktivitäten abzudecken – so neuerdings, wenig überzeugend, die „authorized biography“ von T. E. Lawrence: J. Wilson, Lawrence of Arabia, 1989, v. a. Part I. Interessante Teilaspekte beleuchten N. A. Silberman, Digging for God and Country. Exploration, Archaeology and the Secret Struggle for the Holy Land, 1799–1917, 1982; H. V. F. Winstone, The Illicit Adventure. The Story of Political and Military Intelligence in the Middle East from 1898 to 1926, 1982.

[32] Zitiert nach E. Feigl, Musil von Arabien, 1985, 291f.

Ein eindrückliches (und besonders gut dokumentiertes) Beispiel solcher Verflechtungen ist das englische Unternehmen in Karkemish am Euphrat um die Jahrhundertwende. Die Grabung lag kaum zufällig einer Brückenbaustelle der Bagdad-Bahn mit deutschen Ingenieuren gegenüber. Ebensowenig zufällig wurde dieses Projekt 1911 von D. G. Hogarth begonnen, standen der spätere Grabungsleiter L. Woolley und sein Assistent T. E. Lawrence [Abb. 52] in Verbindung mit dem Intelligence Service: „Carchemish fitted nicely, and with academic respectability, into the official plan of ‚listen and observe'".[33] Im Januar 1914 begannen Woolley und Lawrence eine archäologische Erkundung des Sinai-Gebiets – „in the footsteps of Moses", aber unter dem Kommando von Captain S. F. Newcombe, R. E.[34]; Ende 1914 arbeiteten alle drei im Intelligence Staff des Hauptquartiers in Kairo.

D. G. Hogarth war eine ebenso vielseitige wie undurchsichtige Person – Direktor der Britischen Schule in Athen und später des Ashmolean Museum, erfolgreicher Autor, nicht immer ebenso erfolgreicher Ausgräber in Ephesos, Sparta, Cypern, Kreta und Karkemish. Er war mitnichten nur ein „Wandering Scholar in the Levant", wie er sich im Titel eines seiner Bücher selbst stilisierte, sondern eine Figur von Einfluß in Politik und Nachrichtendienst im Nahen Osten. Bezeichnenderweise übernahm er 1916 die Leitung des „Arab Bureau", einer wichtigen nachrichtendienstlichen Leitstelle in Kairo – zu dessen Mitarbeitern dann wiederum Woolley und Lawrence zählten [Abb. 53].

Eine Sozialgeschichte der Ausgrabung im späten 19. und frühen 20. Jahrhundert ist noch zu schreiben. Nicht nur der weite Ausgriff in bisher kaum bekannte Gebiete und die Organisation großer Grabungen zeugen vom Stil der Gründerzeit. Auch anderswo begegnen eindrückliche Beispiele einer auf die Wissenschaft abfärbenden spätviktorianischen oder wilhelminischen Mentalität: Nationalflaggen über Grabungen, Einrichtungen der Grabungshäuser, Auftreten und Lebensstil der Ausgräber selbst – etwa Th. Wiegand zum Grabungsbeginn in Milet anreitend oder in Uniform dem Kaiser rapportierend [Abb. 54–57].

Hier wird faßbar, daß nicht allein der klassizistische Bildungshintergrund des Bürgertums zur begierigen Rezeption der neuen Wissenschaft beitrug. Genau so wirksam waren andere Motive: die Faszination von Entdeckung und Abenteuer, die von dieser Pionierphase der Archäologie nicht zu trennen sind. Da Archäologie darüberhinaus den politischen Interessen einer Nation zu dienen schien, gewann der Feldarchäologe, für das Publikum die Leitfigur des Archäologen schlechthin, auch noch das Cachet patriotisch-nationaler Pflichterfüllung.

[33] H. V. F. Winstone, Woolley of Ur. The Life of Sir Leonard Woolley, 1990, 41.
[34] Winstone, ebd. 48 ff.

In der Tat erwiesen sich die Wechselwirkungen zwischen der Archäologie und ihrem Publikum als weiteres Stimulans für den Ausbau der neuen Wissenschaft. Die Faszination der zeitgenössischen Gesellschaft durch die Archäologie und die von ihr eröffneten neuen Horizonte menschlicher Geschichte ist vielfach dokumentiert. Antikenmuseen (die Berliner Glyptothek wurde schon 1830 eröffnet) erfreuten sich regen Interesses; gegen Ende des Jahrhunderts blühte nicht nur in Italien, sondern auch in Ägypten und Palästina bereits eine gut organisierte Touristenindustrie für Bibel- und Bildungsreisende [Abb. 58].

Diese Entwicklung ist im Zusammenhang übergreifender gesellschaftlicher Entwicklungsprozesse zu sehen. An die Stelle des aristokratischen Publikums zur Zeit Winckelmanns trat eine neue Öffentlichkeit. Eine sehr viel zahlreichere, über Wohlstand und Muße verfügende städtische „leisure class" entstand mit jenem Besitzbürgertum, das im Zeitalter von Industrialisierung und Imperialismus die Aristokratie als Führungsschicht abzulösen begann. Diese zunächst noch heterogenen bürgerlichen Schichten, die besonders stark von nationalen Gesinnungen erfaßt waren, drängten nicht nur nach wirtschaftlichem und politischem Einfluß. Zur neuen bürgerlichen Kultur gehörte auch eine wachsende Anteilnahme an Wissenschaft und Kunst. Das Gymnasium mit seiner humanistisch-klassizistischen Bildung wirkte hier als entscheidender Integrationsfaktor für Wertvorstellungen und Lebensformen.

An das bildungsbürgerliche Publikum richtete sich eine verbreitete, sehr erfolgreiche Art von Populärliteratur, die von der Ausstrahlung der Archäologie zeugt. Das gilt zu einem gewissen Grade schon für den „Antikenroman", der seinen Themenkreis von den Pharaonen bis zu den Goten spannte – für die Bücher des Ägyptologen G. Ebers („Eine ägyptische Königstochter", (1864), für E. Bulwer-Lytton's „Letzte Tage von Pompei" (1834) oder G. Flaubert's „Salammbô" (1862). „Quo vadis" (1896) trug seinem Autor H. Sienkiewicz sogar den Nobelpreis ein.[35]

War der historische Roman längst etablierte Literaturgattung, so entstand neu das archäologische Sachbuch, als dessen eigentlicher Erfinder der Assyriologe Layard gelten kann [Abb. 59]: „Niniveh and its Remains"(1849) wurde schon im Erscheinungsjahr zu einem Bestseller, der (wie der Autor schrieb) „side by side with Mrs. Rundell's Cookery" lag.[36] Michaelis' 1908 bereits ein zweites Mal aufgelegtes Buch gehört ebenfalls hierher – seine Lektüre zeugt, nebenbei bemerkt, vom seitherigen Sinken des Anspruchsniveaus. Doch auch in der „hohen" Lite-

[35] Zu dieser Literaturgattung H.Mielsche, Das Bild der Antike im historischen Roman des 19. Jahrhunderts, Gymnasium 87, 1980, 377–400.

[36] A. H. Layard, Autobiography and Letters, Bd. II 1903, 191.

ratur erscheint nun der Ausgräber als interessante Figur – man denke an die Romane Fontanes, wo sich Schliemann etwa bei einem Herrenabend-Gespräch in „Frau Jenny Treibel" spiegelt: „Du kannst dir nicht vorstellen, daß jemand, der Tüten geklebt und Rosinen verkauft hat, den alten Priamus ausbuddelt...".

Heinrich Schliemann verkörperte in der Tat wie kaum ein anderer positive und negative Möglichkeiten der neuen Wissenschaft. Als Archäologe war Schliemann nicht nur ein Schulbeispiel des erfolgreichen Aufsteigers und des die Gelehrtenwelt beschämenden Autodiktaten [Abb. 60]. Seine Selbstinszenierung als Unternehmer und Forscher war so wirksam, weil sie sich nahtlos in Lebenswelt und Mentalität des ausgehenden 19. Jahrhunderts einfügte. Große Entdekkungen schufen sein Ansehen – genauso wie Alois Musil sich durch spektakuläre Neufunde einen Namen machen wollte. Der Entdecker aber ist letztlich nur eine Spielart des erfolgreichen Erfinders, eines neuen sozialen Typus der bürgerlich-industriellen Welt. Aufsteiger und Unternehmer, Amateur und Entdecker: in dieser Verbindung repräsentiert Schliemann in der Tat einen Helden der Gründerzeit.

Blicken wir zurück auf Adolf Michaelis' Bilanz eines Jahrhunderts. Eifer und reicher Ertrag – ja; Zielbewußtsein – doch nur in Grenzen; Weiterleben klassizistischer Normen – durchaus noch.[37] Das Wort von der Eroberungswissenschaft wird aus seiner Perspektive verständlicher. Es trifft, wenn nicht den Gesamtcharakter der Archäologie des 19. Jahrhunderts, so doch einen ihrer wesentlichen Aspekte – einen Aspekt, der kaum anderswo so eindringlich anschaulich wird wie in der bemühten Monumentalität des Pergamon-Museums in Berlin.

Jede Wissenschaft ist auch ein Opfer ihrer Geschichte: ihre gegenwärtigen Probleme sind mitbedingt durch Leistung oder Versagen früherer Generationen. Was bedeutet im Fall der Archäologie das Erbe des 19. Jahrhunderts – ein Erbe, in dem sich bereits die Rolle der aus dem Boden wiedergewonnenen Vergangenheit als scheinbar heiler Gegenwelt zur Moderne andeutet? Wie weit löst sich der nach dem Ende des Ersten Weltkrieges einsetzende neue Entwicklungsschub von den im ersten Jahrhundert archäologischer Forschung geschaffenen Traditionen? Fragen, die Thema eines neuen Vortrages sein müßten.

[37] „Kulturerzeugnisse ohne ausgesprochenen Kunstcharakter werden nur gelegentlich herangezogen": Michaelis, a.a.O. VII.

Abb. 1: Ausgrabung des heiligen Kreuzes auf Anordnung der Kaiserin Helena (Fresko aus der Kirche von Platanistasa, Cypern; 15. Jh.)

Abb. 2: Pietro della Valle (1586–1652)

Abb. 3: Persepolis im 18. Jahrhundert, aus Niebuhrs „Reisebeschreibung von Arabien und anderen umliegenden Ländern" (1774–1778)

Abb. 4: L. Dupré: Das Haus des französischen Konsuls in Athen, 1819

Abb. 5: Charles Townley und seine Antiken, um 1770

Abb. 6: Ausgrabungen in Herculaneum, 1782

Abb. 7: G. B. Lusieri, Elgins Zeichner und Aufseher, am Erechtheion in Athen, 1802

Abb. 9: J. J. Winckelmann (1717–1768)

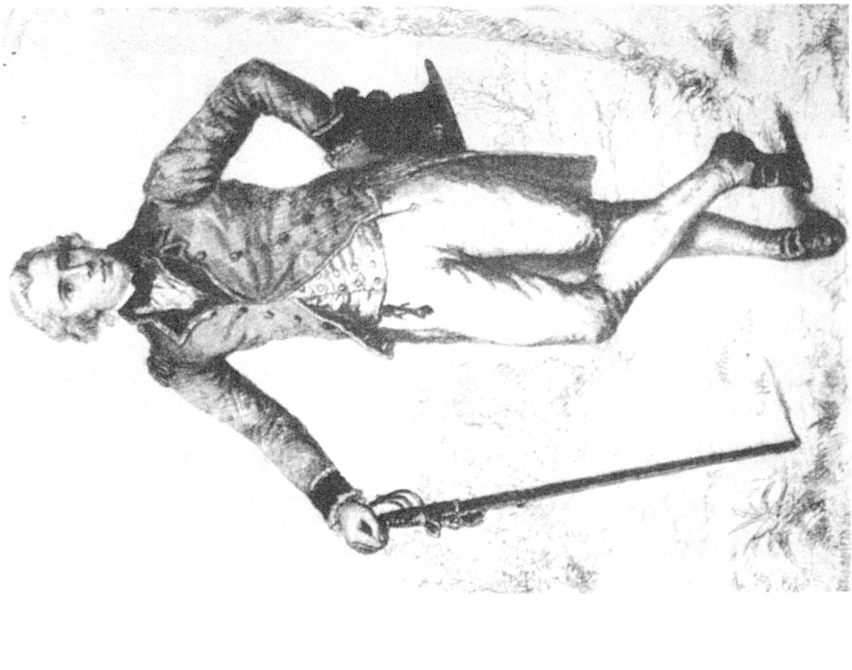

Abb. 8: Lord Elgin (1766–1841)

Abb. 10: J. Stuart beim Zeichnen des Erechtheions, 1751

Abb. 11: Stich des Artemis-Tempels aus Stuart-Revett's „Antiquities of Athens“ (1762)

Abb. 12: Rekonstruktion des Aphrodite-Tempels in Alt-Paphos durch Fischer v. Erlach (1721)

Abb. 13: Der Grabturm des Elahbal in Palmyra, aus Dawkins-Wood, „The Ruins of Palmyra“ (1753)

Abb. 14: F. G. Welcker (1784–1868)

Abb. 15: J. J. Bachofen (1815–1887)

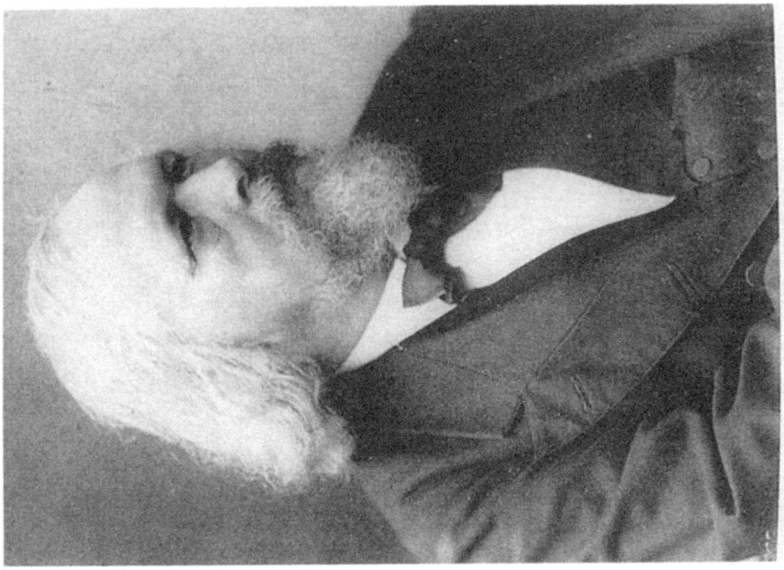

Abb. 16: H. v. Brunn (1822–1894)

Abb. 17: A. Furtwängler (1853–1907)

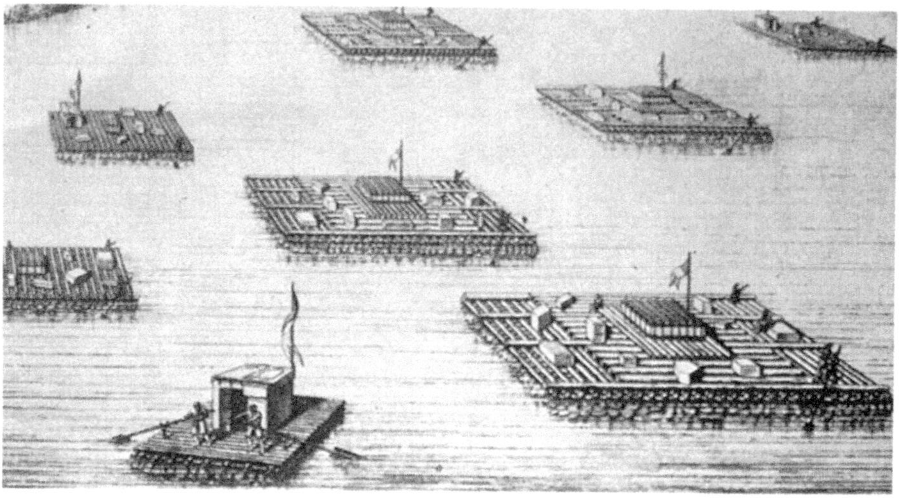

Abb. 18: Transport assyrischer Skulpturen auf Kelek-Flößen, um 1845

Abb. 19: „Tigris" und „Euphrates" im Gewittersturm auf dem Euphrat, 1836

Abb. 20: Sir Henry Creswicke Rawlinson (1810–1895)

Abb. 21: Die Inschrift von Behistun

Abb. 22: Sir Henry Austen Layard (1817–1894)

Abb. 23: Giovanni Battista Belzoni (1778–1823)

Abb. 24: Mumienraub in Aegypten, um 1830

Abb. 25: Layards Zeichner S. C. Malan in Ninive, 1850

Abb. 26: „Lowering the great winged bull“ in Nimrud, 1846

Abb. 27: Ausgrabungen am Aphaiatempel in Aigina, 1811

Abb. 28: König Frederik VII von Dänemark bei Ausgrabungen in Jütland, 1865

Abb. 29: Ausgrabung eines Grabhügels in England, 1844

Abb. 30: General A. H. Lane-Fox Pitt-Rivers (1827–1900)

Abb. 31: Pitt-River's Ausgrabung des Wor Barrow in Dorset, 1893–94

Abb. 32: Ausgüsse von Hohlformen menschlicher Körper in Pompei

Abb. 33: Alexander Conze (1831–1914)

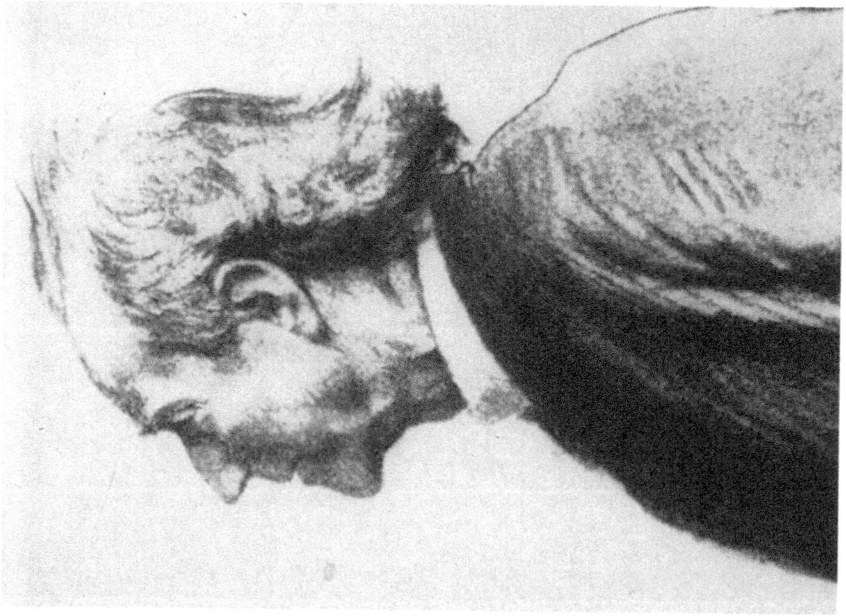

Abb. 34: Ernst Curtius (1814–1896)

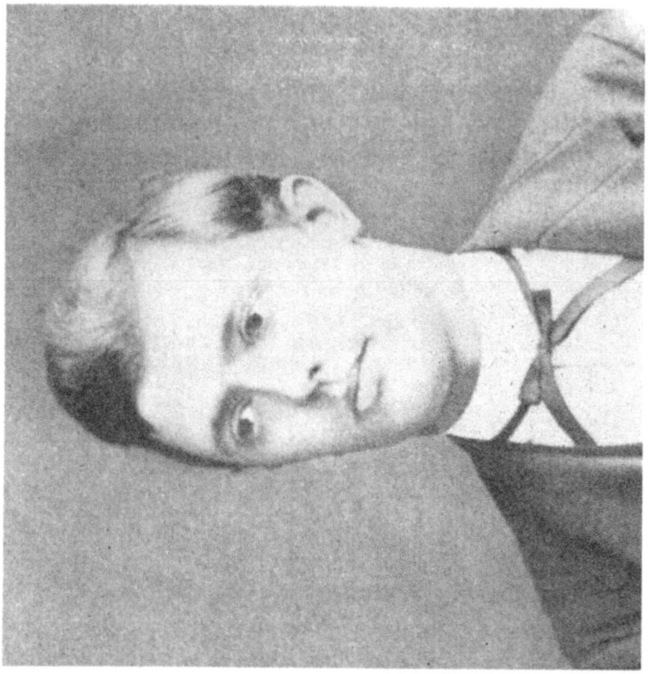

Abb. 35: Wilhelm Dörpfeld im Jahre 1879

Abb. 36: Flinders Petrie vor dem von ihm bewohnten Grab bei Gizeh (1880)

Abb. 37: Robert Koldewey in Babylon, 1911

Abb. 38: Schliemanns Ost-West-Graben in Troja

Abb. 39: Das erste archäologische Luftbild: Ballonaufnahme von Stonehenge, 1906

Abb. 40: Sophia Schliemann mit Schmuck aus dem „Schatz des Priamos"

Abb. 41: Edward Lear, Ansicht von Nicopolis, 1849

Abb. 42: J. M. W. Turner, „T'is living Greece no more", 1822

Abb. 43: Captain Warren in einem Grabungstunnel in Jerusalem, 1869

Abb. 44: „The American Navy in the Promised Land", 1848

Abb. 45: Untersuchung der Sphinx durch französische Gelehrte, um 1798

Abb. 46: Vermessung der Pompeius-Säule in Alexandria mit Hilfe eines Drachens, um 1798

Abb. 47: W. Dörpfeld mit Kaiser Wilhelm II in Korfu, 1911

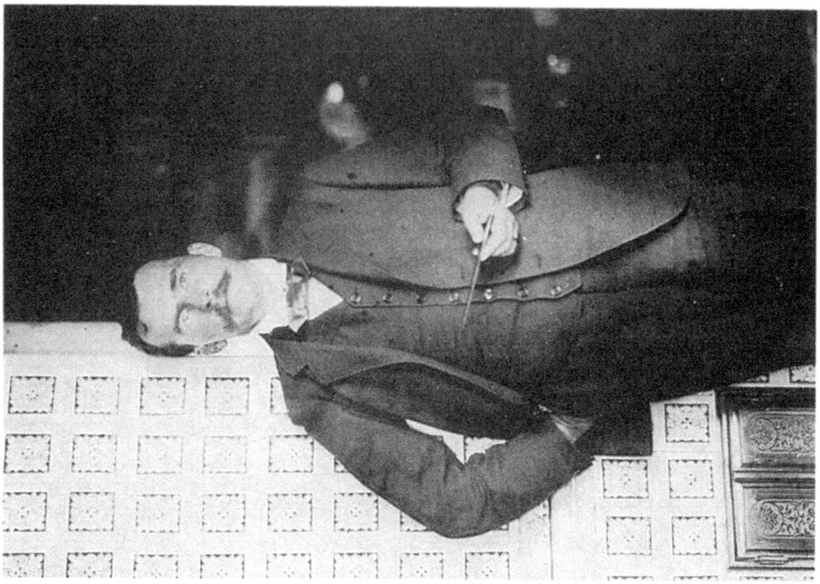

Abb. 48: Theodor Wiegand, 1900

Abb. 49: Sir Sidney Smith und der Pascha von Acre, 1799

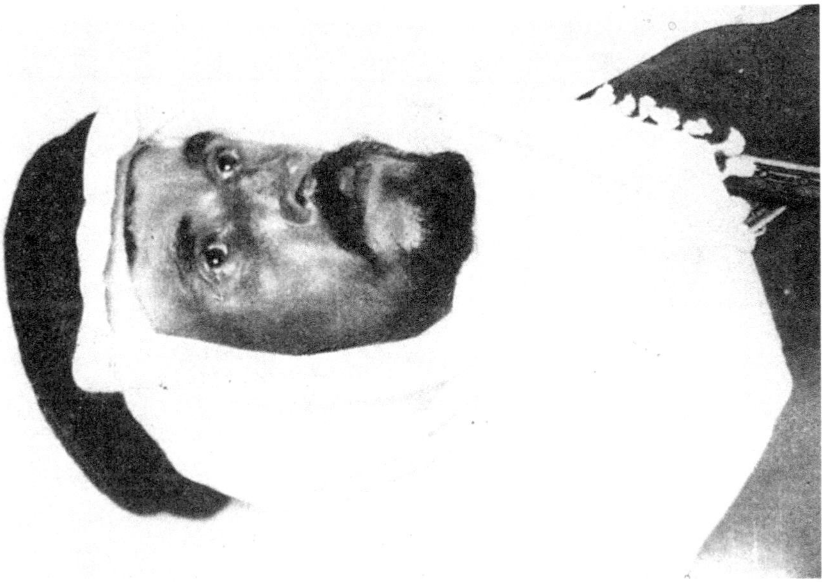

Abb. 50: Alois Musil als Scheich Musa Eben Nemsa ar-Ruejhi, 1909

Abb. 51: Th. Wiegand in el-Arisch, 1916

Abb. 52: L. Woolley und T. E. Lawrence in Karkemish, 1911

Abb. 53: D. G. Hogarth (Mitte) und T. E. Lawrence in Kairo, 1916

Abb. 54: Deutsches Grabungshaus in Megiddo, 1903

Abb. 55: Im deutschen Grabungshaus in Assur, 1909

Abb. 56: Th. Wiegand auf dem Weg zum Grabungshaus in Milet, 1900

Abb. 57: Kaiser Wilhelm II und Wiegand in Konstantinopel, 1917

Abb. 58: Touristen in Ägypten, 1858

Abb. 59: Rekonstruktion assyrischer Paläste aus Layard's „Monuments of Niniveh" (1853)

Abb. 60: Heinrich Schliemann in Petersburg, 1861

Bildnachweis

Die Abbildungen wurden folgenden Publikationen entnommen:

C. W. Ceram, Götter, Gräber und Gelehrte im Bild, Reinbeck 1972 (rororo): *9* (S. 23), *18* (S. 223), *24* (S. 183, o.)
W. St. Clair, Lord Elgin and the Marbles, Oxford 1967 (OUP): *7* (Taf. V v. S. 118), *8* (Taf. I n. S. 54)
G. Daniel, Geschichte der Archäologie, Köln 1990 (Corvus): *6* (S. 15, Abb. 4), *11* (S. 13, Abb. 1), *20* (S. 95, Abb. 53), *21* (S. 94, Abb. 52), *22* (S. 88, Abb. 48), *23* (S. 81, Abb. 44), *28* (S. 72, Abb. 35), *30* (S. 167, Abb. 91), *31* (S. 164), *39* (S. 175, Abb. 95), *45* (S. 79, Abb. 42)
H. Döhl, Heinrich Schliemann, München 1981 (Bucher): *17* (S. 46), *34* (S. 21), *35* (S. 55), *38* (S. 95), *60* (S. 12)
M. S. Drower, Flinders Petrie, London 1985 (V. Gollancz): *36* (Abb. 6 n. S. 58)
Edward Lear in Greece, London 1965 (Kimber): *41* (Taf. I n. S. 160)
E. Feigl, Musil von Arabien, Wien-München 1985 (Amalthea-Verlag): *50* (Taf. I n. S. 64)
J. B. Fischer von Erlach, Entwurf einer historischen Architektur, 1721, Dortmund 1978 (Harenberg): *12* (S. 47, u.)
G. Karo, Fünfzig Jahre aus dem Leben eines Archäologen, Baden-Baden 1959 (Verlag f. Kunst u. Wissenschaft): *47* (Taf. v. S. 89)
A. H. Layard, Niniveh and its Remains, Vol. 1, London 1849 (Murray): *26* (Frontispice)
R. Lullies u. W. Schiering, Archäologiebildnisse, Mainz 1988 (Zabern): *14* (S. 18), *15* (S. 41), *33* (S. 59)
St. Pigott, Ruins in a Landscape, Edinburgh 1976 (EUP): *5* (S. 136, Abb. 15)
S. Searight, The British in the Middle East, London-The Hague 1979 (East-West-Publications): *19* (S. 164, Abb. 13), *25* (S. 208, Abb. 14), *46* (S. 193, Abb. 1), *49* (S. 93), *58* (S. 160, Abb. 9)
N. A. Silberman, Digging for God and Country, New York 1982 (Knopf): *43* (Taf. XIII n. S. 74), *44* (Taf. VIII n. S. 74), *54* (Taf. III n. S. 138, u.)
F.-M. Tsigakou, The Rediscovery of Greece, London 1981 (Thames & Hudson): *4* (Frontispice), *10* (Taf. II n. S. 32), *27* (S. 23)
C. Watzinger, Theodor Wiegand, München 1944 (Beck): *57* (Taf. XXIII n. S. 352)
Th. Wiegand, Halbmond im letzten Viertel, Mainz 1985 (Zabern): *13* (Abb. 27), *46* (Abb. 4), *51* (Abb. 28), *56* (Abb. 13)
H. F. V. Winstone, The Illicit Adventure, London 1982 (J. Cape): *55* (Abb. 3 v. S. 81)
H. F. V. Winstone, Uncovering the Ancient World, London 1985 (Constable): *2* (S. 32), *3* (S. 34), *37* (S. 263), *40* (S. 104), *59* (Taf. n. S. 64)
M. Yardley, Backing into the Limelight, London 1985 (Harrap): *52* (Taf. VI n. S. 32, o.), *53* (Taf. I n. S. 96)

Der Autor:

Professor Dr. Franz Georg Maier. Geboren 1926 in Stuttgart. Nach Studium in Tübingen, Zürich und Rom Promotion (1951) und Habilitation (1957) an der Universität Tübingen. 1952–1957 Forschungsaufenthalte in Griechenland und Italien sowie Teilnahme an Ausgrabungen auf Cypern.
Professor für Alte Geschichte in Frankfurt/Main (1963), Konstanz (1966) und Zürich (seit 1972). 1967/68 Prorektor der Universität Konstanz. Seit 1966 Leiter der Archäologischen Expedition in Alt-Paphos auf Cypern. Mitglied des Institute for Advanced Study, Princeton, 1992/93. Ord. Mitglied des Deutschen Archäologischen Instituts; Honorary Fellow of the Society of Antiquaries of London.
Einige Veröffentlichungen: Augustin und das antike Rom (1955); Die Verwandlung der Mittelmeerwelt (1968): Neue Wege in die Alte Welt (1977); Cypern. Insel am Kreuzweg der Geschichte (2. Aufl. 1982).

Gerda Henkel Vorlesungen

Es sind lieferbar:

Christoph Luitpold Frommel, *Der Palazzo Venezia in Rom*
1982, 54 Seiten, 33 Abb. ISBN 3-531-11950-8

Ernst H. Gombrich, *Ideal und Typus in der italienischen Renaissancemalerei*
1983. 80 Seiten, 72 Abb. ISBN 3-531-11951-6

Hugh Trevor-Roper, *War der Nationalsozialismus ohne Beispiel?*
1983. 37 Seiten ISBN 3-531-11592-4

Aus der Lutherforschung. Drei Vorträge
1983, 64 Seiten ISBN 3-531-11953-2
Bernd Moeller, Luther und die Städte – Heinrich Lutz, Die politische und kulturelle Ausgangssituation der Reformation – Erwin Iserloh, „Mit dem Evangelium läßt sich die Welt nicht regieren". Luthers Lehre von den beiden Regimenten im Widerstreit

Kurt Bittel, *Denkmäler eines hethitischen Großkönigs des 13. Jahrhunderts vor Christus*
1984. 44 Seiten, 34 Abb. ISBN 3-531-11954-0

Bernard Andreae, *Die Symbolik der Löwenjagd*
1985. 68 Seiten, 43 Abb. ISBN 3-531-11955-9

Forschungen zur Stadtgeschichte. Drei Vorträge
1986, 71 Seiten ISBN 3-531-11956-7
Adalberto Giovannini, Entstehung und Wesen der griechischen Polis – Adriaan Verhulst, Zur Entstehung der Städte in Nordwest-Europa – Lothar Gall, Die Stadt der burgerlichen Gesellschaft, das Bei spiel Mannheim

Helmut Coing, *Europäische Grundlagen des modernen Privatrechts: Nationale Gesetzgebung und europäische Rechtsdiskussion im 19. Jahrhundert*
1986. 22 S ISBN 3-531-11957-5

Thomas Nipperdey, *Wie modern war das Kaiserreich? Das Beispiel der Schule*
1986. 18 Seiten ISBN 3-531-11958-3

Josef Fleckenstein, *Über die Anfänge der deutschen Geschichte*
1987. 24 Seiten ISBN 3-531-11959-1

Franz Georg Maier, *Neque quies gentium sine armis: Krieg und Gesellschaft im Altertum*
1987. 32 Seiten ISBN 3-531-11960-5

Werner Fuchs, *Zu Neufunden klassisch-griechischer Skulptur*
1987. 50 Seiten, 49 Abb. ISBN 3-531-11961-3

Ernst H. Gombrich, *Wege zur Bildgestaltung. Vom Einfall zur Ausführung*
1989. 76 Seiten, 65 Abb. ISBN 3-531-11962-1

Roma – caput et fons. Zwei Vorträge über das päpstliche Rom zwischen Altertum und Mittelalter
1989. 72 Seiten ISBN 3-531-11963-X
Arnold Angenendt, Princeps imperii – Priceps apostolorum. Rom und die Einheit des Westens – Rudolf Schieffer, Redeamus ad fontem. Rom als Hort authentischer Überlieferung im frühen Mittelalter

Helmut Coing, *Die Privatrechtswissenschaft im 19. Jahrhundert in Europa*
1991. 20 Seiten ISBN 3-531-11964-8

GPSR Compliance

The European Union's (EU) General Product Safety Regulation (GPSR) is a set of rules that requires consumer products to be safe and our obligations to ensure this.

If you have any concerns about our products, you can contact us on ProductSafety@springernature.com

In case Publisher is established outside the EU, the EU authorized representative is:

Springer Nature Customer Service Center GmbH
Europaplatz 3
69115 Heidelberg, Germany

Batch number: 10809636

Printed by Printforce, the Netherlands